地球的两端

晓山文化 / 著绘

电子工业出版社·
Publishing House of Electronics Industry
北京·BEIJING

图书在版编目（ＣＩＰ）数据

地球的两端 / 晓山文化著、绘. -- 北京：电子工
业出版社，2023.2
　　ISBN 978-7-121-43994-0

　　Ⅰ．①地⋯ Ⅱ．①晓⋯ Ⅲ．①地球-　少儿读物 Ⅳ．
①P183-49

　　中国版本图书馆CIP数据核字(2022)第131905号

　　审图号　GS京　（2022）0609号

责任编辑：苏　琪　　特约编辑：刘红涛

责任美编：孙　莹

印　　　刷：北京利丰雅高长城印刷有限公司

装　　　订：北京利丰雅高长城印刷有限公司

出版发行：电子工业出版社

　　　　　北京市海淀区万寿路173信箱　　邮编：100036

开　　本：787×1092　1/16　　印张：3.25　　字数：76.30千字

版　　次：2023年2月第1版

印　　次：2023年2月第1次印刷

定　　价：68.00元

探险指南

探险目的地

10. 中国北极科学考察队
9. 北极霞水母
13、14、18
11 → 15
12. 北极燕鸥
16、17、19

20. 淡水
39. 藏羚羊
40~46
21~2
77. 巴别塔
47. 中国珠穆
朗玛峰高程
测量登山队
26
79~81
27. 山海
28
68. 埃及棘龙
72~74
29~31
32. 遗船
76、78 → 75
33~38
57. 红豆杉
48~53
54~56、58~60
90. 金花鲈
62~67
99. 大王花
61. 柏柏尔人
101
147
89、91~97
148. 沙漠玫瑰
108. 瞪羚
→ 146. 猴面包树
100
144. 变色龙
115~1
106、107、109~113
145
114. 科莫多龙
132. 古人类化石遗址
133、134
150. 鲸鲨
136. 睛嘴鲨
140. 蛟龙号
135、137、138~
141~143
153. 帽带企鹅
155. 冰芯
156. 南极巡天望远镜
154. 昆仑站
157. 雪鹰601

1. 北极兔
4. 雪鸮
8. 北极熊
一角鲸
2
3
6北极红点鲑
5. 因纽特人
83. 深海琵琶鱼
85~88
70. 卡斯蒂略金字塔
98. 飞鱼
69、71
121. 亚马孙河豚
129. 水豚
项链海星
103. 鲣鸟
105
120、122~127
102、104
128. 树懒
131
149. 蓝鲸
9. 考拉
130
165. 企鹅拉屎
160. 皇帝企鹅
151、152
158
159. 金图企鹅
161~164

90°N
66°N
60°N
30°N
23°N
0°
23°S
30°S
60°S
66°S
90°S

M
V
D
R

N 代表北半球　S 代表南半球

北极居民如何过冬?

北极的夏天十分热闹，苔原上遍地盛开着五颜六色的小花，此时远方的鸟儿会飞来这里繁殖，动物们享受着温暖的阳光和丰盛的食物。而在秋分到第二年春分的半年时间里，极夜降临并逐渐覆盖整个北极圈（66°N）。在一天24小时都是黑夜的日子里，只有偶尔出现的极光照亮大地。到了冬天，北极会变成一片冰天雪地，严寒而冷酷。为了迎接如此极端的生存环境，在北极过冬的动植物和人类居民都必须做好准备。

雪鸮 [xiāo] 是一种生活在北极的猫头鹰，它们的视力和听力都非常好，即使在黑蒙蒙的夜里，也可以捕捉到猎物。

冬季，**北极兔** 的兔毛会从褐色变成雪白色，这让敌人很难发现他们。

仙女木

北极柳

紫花虎耳草

旅鼠

泰加林 环绕着北极地区生长，是地球最北端的森林。大树挤在一起防风保暖，塔状的树形可以防止积雪，针状的叶子能够减少水分蒸发。

在北冰洋周围的 **苔原** 上，长着一千多种植物，它们生长缓慢，即使是生长速度较快的，一年也只长高几毫米。当冬天来临时，植物会被冰雪覆盖，进入休眠状态。

住在北极圈附近的 **因纽特人** 需要赶在严冬来临之前，赶紧捕鱼狩猎，以便储存足够的食物。他们适应了北极的环境，学会了用冰雪造房子，用兽皮做衣服，以雪橇作为交通工具。

北冰洋是地球上最小、最浅、最冷的大洋，海水平均温度稍微低于冰点。北冰洋表面大部分被平均约3米的海冰覆盖，因为海水的流动，较薄的浮冰时而融化开裂，时而重新结冰。受全球变暖的影响，北冰洋的冰面正在缩小。

北极熊主要在冰面上活动，不过，为了觅食它们也会在水里长距离游泳。冬天，北极熊会转移到靠南一点的冰面上。怀孕的北极熊会进入洞穴过冬，在里面产下小熊并照顾它们。

北极红点鲑生活在北极周围的河流湖泊中，每年迁徙一次到大海中觅食。年幼的北极红点鲑10岁以前一直生活在淡水中，10岁以后才会进入大海。它们在大海中大约停留50天，之后便洄游到河流中产卵和越冬。

因为头顶长着一根"长角"而得名的**一角鲸**还有许多名字，比如独角鲸、长枪鲸和"海洋独角兽"。实际上，这根"角"是一颗牙齿，有些一角鲸有两颗牙齿，形成罕见的双长牙。牙齿里的神经细胞连接着大脑，能够敏锐地探测海水的盐度、温度和压强。冬天，在海冰完全结成一片之前，一角鲸会集体迁徙到海冰有裂缝的海域，因为它们需要经常游到海面上呼吸空气。

北极霞水母不害怕北极的冬季，而是非常享受冰冷的海水，所以有时候它们也被称为"冬季水母"。它们是目前人们发现的最大的水母种类，历史上有记录的最大的北极霞水母有36.6米长，伞体直径约2米。北极霞水母的触手藏着能分泌毒液的刺细胞，用于捕食浮游生物、鱼、虾和小型水母。

科学家在北极研究什么？

1999年，**中国北极科学考察队**第一次远征北极，队员们跨过危险重重的北冰洋，成功抵达北极点。2004年，考察队在此建立黄河站，这是中国第一个北极常年科学考察站。由各领域科学家组成的中国科考队在黄河站逐步开展高空大气物理（如极光）、气象、生态、海洋、冰川等项目的考察。

黄河站位于挪威斯瓦尔巴群岛的新奥尔松，这里是多国开展北极科考和国际合作的基地。镇上当地居民只有30~35人，在夏天，当地居民加上各国科学家约有120人。

黄河站有各种观测设备，划分出了实验室、办公室、宿舍等区域，可供大概20人工作和生活。屋顶的5个小阁楼是先进的极光光学观测平台，当极夜来临时，队员会爬上阁楼，使用先进的极光成像仪采集极光数据。队员也可以在生态与雪冰环境监测实验室里，对刚采集回来的样本进行处理和分析。

黄河站附近经常可以见到**北极燕鸥**，夏天这里是它们理想的繁殖地。北极燕鸥看起来很温顺，但只要有人靠近它们的巢穴，它们就会变得非常凶猛，并立刻对人类发起攻击，比如发出让人不安的叫声、丢下腥臭的分泌物，或者用坚硬的鸟喙啄人。

北极燕鸥还是让人敬佩的旅行者。每年冬天，它们会从北极的繁殖地飞往南极过冬，之后再迁徙回繁殖地。这是目前已知最长的动物迁徙路线，按它们30年的寿命来计算，北极燕鸥一生飞过的距离相当于来回地球和月球3遍。

黄河站所在的**斯瓦尔巴群岛**是海象、海豹和鲸类的重要栖息地，因此群岛超过一半的面积都是被保护的自然公园。作为捕食者的北极熊在这里也有几千只，数量超过了当地居民。

北极狐和北极驯鹿

经常到黄河站周围溜达，与人的关系很亲近，但当地有规定，不允许给它们投喂食物。北极熊偶尔也来闲逛，科考人员机智地把门设计成往外开的形式，而且不锁门。任何人只要看到北极熊，就应该赶紧往屋里跑。有时候北极熊会追上来，但它们只会用力推门，不会拉门。

冬天，食物减少，**麝[shè]牛**会挖开冰雪找苔藓吃。

海象的皮肤在冰冷的海水里会变成白色，身体暖和时会变回深红色。

髯[rán]海豹长着一把大胡子。

白鲸可以通过改变脑袋的形状做出不同的面部表情，并利用发出的声音与同伴交流、寻找食物。

黑龙江

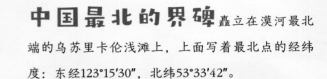

中国最北的界碑矗立在漠河最北端的乌苏里卡伦浅滩上，上面写着最北点的经纬度：东经123°15′30″，北纬53°33′42″。

中国的最北端在哪儿？

漠河是中国最靠北、纬度最高的城市。全国最北的国界线位于黑龙江主航道的中心线上，河对岸是俄罗斯西伯利亚地区的原始森林。漠河是全国最冷的地方之一，年均气温只有约-4℃，1月平均气温约-30℃。

在寒冷漫长的冬季，**"泼水成冰"**成为了漠河市民及游客们喜欢挑战的游戏。到了冬至那天，人们聚集在广场上，架起炉灶，煮饺子吃，然后泼饺子汤庆祝节日。一杯杯、一壶壶滚烫的饺子汤被用力甩出，无数小水滴迅速遇冷结冰，犹如"冰花"盛开。仔细听还能听见热水结冰的声音，也能闻到饺子的香味。

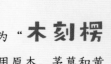

在漠河的村庄，人们住在一种名为**"木刻楞[léng]"**的房子里。这种房屋使用原木、茅草和黄泥建成，冬暖夏凉，结实耐用。

鄂伦春人是漠河地区的先民，自古以来他们就在山林中以狩猎为生。"鄂伦春"意为"住在山岭上的人"。山里的兽类、飞禽、河里的鱼类都是他们狩猎的目标，但鄂伦春人尊重自然，不贪婪，不会伤害带着崽儿的动物。在20世纪50年代，鄂伦春人开始下山定居，发展农牧业，到20世纪90年代彻底结束狩猎生产。

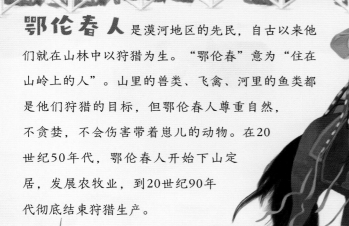

桦皮船是鄂伦春人日常生活和夏季渔猎的交通工具。制作桦皮船会取白桦树皮作为船体，以松木为钉，抹上松树油防渗漏。桦皮船已在2008年被列入国家非物质文化遗产名录。

漠河地处大兴安岭山脉的北麓，**樟子松**、白桦、落叶松等耐寒的树种随处可见。在漠河的北极村，有一棵200岁的樟子松，当地人把它称为"北极树王"。在气温足够低、水汽充沛的日子里，雾气会在树枝上直接凝结成冰晶，形成雾凇奇观。

过去几十年，漠河的**生态**因为人们过度砍伐木材而遭到破坏，动物的栖息地也减少了。在2014年，大兴安岭全面停止天然林商业性采伐，漠河的自然生态环境逐渐恢复，森林覆盖率增至97%以上。茂密的森林是国家一级动物紫貂、国家二级保护动物红脚隼等野生动物的栖息地。

红脚隼

紫貂

长城是怎么建起来的？

中国的长城断断续续地修筑了两千多年，从公元前7世纪的春秋战国时期开始，一直到16世纪的明朝才结束。最初长城都是一段一段的，秦始皇统一中国之后，为了抵御北方游牧民族的入侵，大约在公元前220年前后，动用了30多万民众，修筑了一条延绵一万多里的长城，这也是"万里长城"名字的由来。

历史上一共有20多个诸侯国和封建王朝参与过长城的修建，如果把修建的所有长城连起来，长度将超过5万千米。其中一些年代久远的长城已经逐渐衰败，秦时修建的长城也只剩下残存的遗迹，现在我们看到的长城基本上是明代留下来的。明长城横跨中华大地，西起甘肃省嘉峪关，东至辽宁丹东的虎山，最东的一段和朝鲜只隔着鸭绿江，全长大约6000多千米。

嘉峪关 是明长城最西边的关口，地势险要，是古代的军事要地。嘉峪关关城建于1372年，矗立在嘉峪山上，城墙穿越戈壁沙漠，可以保卫关内和平。1881年，嘉峪关被开辟为外贸商埠，成了当时丝绸之路的必经之地。一支支骆驼队经过这里，跨越沙漠，将茶叶和杂货运到西方国家。嘉峪关关城是至今保存最完整的一座长城关城。

嘉峪关关城

山海关是明长城最东边的关口，被称为"天下第一关"。山海关建于1381年，现位于河北省秦皇岛市。山海关包括关城和周围5座卫城、两座海防城等多个部分。山海关关城是强大的防御据点，由敌楼、烽火台、箭楼等多种形式的建筑构成，城墙高11.6米，厚度超过10米。

山海关关城东门

宁海城是山海关防御体系中的一座海防城堡。为了防止敌军从海上进入，并且考虑到退潮和冬季枯水期，宁海城有一部分泡在海里。因为有段长城在海里，使得长城就像一条探头入海的龙，老百姓把这段长城叫作老龙头。

老龙头

为什么要开凿京杭大运河？

京杭大运河是地球上最长的人工河，以北京为起点，以杭州为终点，全长1794千米。它连通了东西流向的五大水系（海河、黄河、淮河、长江、钱塘江）及沿线湖泊，建立起一个巨大的水上交通网络。直到今天，京杭大运河的部分河段仍在使用。

万宁桥是京杭大运河北端的最后一道闸桥。元朝时期，人们从南方运输的粮食、物资经过这里进入京师元大都。

元大都

万宁桥

海河

京杭大运河

黄河

东平湖

漕船是古代统治者用于征收和运输民间粮食的船只，漕船在大运河上拥有优先通行权。

运河是谁挖的？

京杭大运河的历史可以追溯到2500年前。公元前486年，吴国的君王夫差为了借助水力攻打齐国，开凿了中国历史上记载的第一条运河邗[hán]沟，首先连通了长江和淮河。到了公元605年，隋炀帝杨广为了方便出行和从各地征收粮食，利用众多自然河流和原有的运河，以洛阳为中心，修筑了分别连通北京和杭州的隋唐大运河。

京杭大运河形成于13世纪。元朝开国皇帝忽必烈把首都定在北京，在隋唐大运河的基础上将运河的路线拉直。此后，船只不用绕弯路，就可以从江南直达北京。

忽必烈

北京
京杭大运河
洛阳
杭州

隋炀帝

聊城的**伞棒舞**是一种在运河上诞生的表演艺术。据说，400年前，运粮船队来到聊城，恰逢河面结冰，船只无法前行。当地人使用大伞和棒子编舞，为船员解闷。

京剧的起源与京杭大运河有关。清朝年间，扬州的盐商带着自家的徽腔戏班子，沿着运河来到京城演出。徽腔借鉴了京腔、昆曲等的艺术特点，渐渐地演变成京剧。

趴蝮[bāxià]是京杭大运河的镇水神兽，传说它是龙的九子之一。趴蝮趴在河道、岸边，负责看守运河，保护来往的船只。

拱宸桥是京杭大运河南端终点的标志。京杭大运河在杭州与钱塘江相连。

淮安水路立交有两层，上层是京杭大运河，供货船通行，下层是淮河的入海口。

运河上有什么货物？

南方的稻米、盐、丝绸、茶叶、竹器等丰饶的物产沿着运河北上，进入北方市场；北方盛产的小麦、棉花、玉米、煤炭、皮货等物资则沿着运河南下，进入南方市场。

白居易在苏州做官的时候，发现两个繁华的地方虽然近，但交通不便，于是决定凿河开路。新开的水路使苏州城内的水系与京杭大运河连接起来，人们充分利用挖出来的淤泥在河边筑起7里长堤，民间把它称作白公堤，也就是现在的山塘街。

京杭大运河

灌溉渠

淮河入海口

淮安水路立交

洪泽湖

淮河

高邮湖

江

长

太湖

拱宸桥

钱塘江

谁生活在青藏高原？

青藏高原是地球上海拔最高的高原，平均海拔4000米以上，有"世界屋脊"之称。它的形成来源于地壳的板块运动，当印度板块渐渐"钻"到亚欧板块底下，青藏高原就被"抬"了起来。

地球上绝大部分海拔7000米以上的山峰都在这里诞生。高原上，充足的日照和高山融水为生命提供了必要的能量，丰富的自然环境如山、湖、河、草地、湿地等，为生物提供了栖息地。青藏高原有着完整的生物链，从挖地洞的鼠兔、吃草的藏羚羊、吃肉的雪豹到食腐尸的兀鹫，每个节点都有关键物种，它们共同支撑着高原上的生态系统。

高山兀鹫 以腐尸为生。它们常常在空中"巡逻"，以便通过敏锐的视觉寻找地面上腐烂的动物尸体。高山兀鹫是藏族天葬习俗中的执行者，藏族人把它们奉为神鸟。

青藏铁路 东起西宁，西达拉萨，是全球海拔最高的铁路。为了让藏羚羊等迁徙动物顺利通过，青藏铁路上设计了缓坡、桥洞、围栏等多种安全通道。

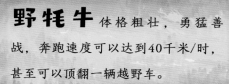

野牦牛 体格粗壮，勇猛善战，奔跑速度可以达到40千米/时，甚至可以顶翻一辆越野车。

高原鼠兔 被称为青藏高原的工程师。它们挖的洞穴一度被认为是土地沙化的主要原因，而实际上适量的地洞不仅可以疏松土壤，提高土壤的水分涵养能力，还能给鸟类、蜥蜴等小动物提供栖身之所。

藏羚羊 栖息于青藏高原上人迹罕至的高寒草甸，善于奔跑。部分藏羚羊有迁徙习惯，每年五六月份，藏羚羊妈妈会集体跑到几百千米远的湖边产崽，之后再带领幼崽回到雄性身边一起生活。在人们有效的保护措施下，现在曾濒临灭绝的藏羚羊数量已增至约30万头，其保护等级也从濒危物种降为近危物种。

藏狐 最爱吃高原鼠兔，食谱里大概只有5%是其他食物。藏狐栖息在洞穴里，但它们一般不动手挖，而是喜欢抢夺旱獭挖的洞，霸占之后当作自己的家。

白腰雪雀

高原鼠兔

青藏高原上的人类居民以藏族为主，建筑为藏式风格，主要分为寺院建筑和民居两种。**布达拉宫**是藏式建筑的代表，最初由吐蕃王朝的领袖松赞干布兴建。它是青藏高原上最高的宫堡建筑群，建筑群依山砌筑，裙楼错落复杂，气势恢弘。布达拉宫的颜色搭配有深刻的含义，红色是吐蕃时期祖先神的代表颜色，代表权威；白色是雪域的环境色和乳制品的颜色，象征着和平；黄色寓意繁荣昌盛。布达拉宫里收藏着许多宝物，包括数不清的佛教经文、唐卡、壁画，以及文成公主雕塑等稀世珍宝。

在每年冬季，青藏高原的气温下降，大批**候鸟**从藏北地区的湖泊湿地飞往相对温暖的拉萨河流域过冬。布达拉宫后面的宗角禄康公园是鸟儿喜爱的聚集地之一，数不清的红嘴鸥、斑头雁、赤麻鸭等候鸟在这里觅食、嬉戏。

红嘴鸥

赤麻鸭

如何测量珠穆朗玛峰的高度？

为什么需要人爬上去测量？

珠穆朗玛峰是喜马拉雅山脉的主峰，屹立于青藏高原南部边缘，它是地球上最高的山峰，海拔8 848.86米。在板块运动的影响下，珠穆朗玛峰每年一直在以缓慢的速度增高，每年大约"长"4毫米。从空中看，珠穆朗玛峰形似一个三棱锥，北坡和东坡位于中国西藏自治区日喀则市，南坡位于尼泊尔境内。

尼泊尔
中国
东坡 南坡
北坡

2020中国珠穆朗玛峰**高程测量登山队**的8名队员在2020年5月成功登顶。队员们在峰顶停留了150分钟，并且用先进的设备为珠穆朗玛峰量"身高"。这是自1714年来，中国第8次测量珠穆朗玛峰的高度。随后中国和尼泊尔两国合作处理数据，共同宣布珠穆朗玛峰的高度为8 848.86米。

要得出珠穆朗玛峰的高度，测量队员需要获得珠穆朗玛峰的起算高度和最高点高度，然后用后者减去前者。起算高度的测量可以借助各种先进技术和设备，例如，利用全球导航卫星系统（GNSS）建立坐标控制网，用精密的水准仪将海平面的基准值传递到珠穆朗玛峰脚下，利用航空地质飞机进行重力测量，这些都可以提高起算面的精度。

然而，最高点的测量并不容易。珠穆朗玛峰的山顶不是尖的，而是一个20多平方米的平面，远程测量很难确定最高点在哪儿。而且峰顶气流不稳定，目前无人机还无法在峰顶飞行和作业，所以必须靠人把觇标带上山顶。有了觇标，天上的卫星和山脚下的观测设备就有了测量目标。

北斗高精度定位设备

珠穆朗玛峰北坡

珠穆朗玛峰国家保护区

成立于1988年，包括珠穆朗玛峰及周围地区，面积比两个北京还要大一点，以全面保护当地的生态系统为目的。雪豹是保护区内的标志性物种，主要以岩羊为食，活动海拔可达6 000米。雪豹和岩羊的数量和活动范围可以衡量珠穆朗玛峰生态的健康程度。

北斗卫星为珠穆朗玛峰测量导航

雪豹 通常会长期跟踪羊群，并伺机发起攻击。

岩羊 动作矫健、敏捷，善于在悬崖峭壁上奔跑。它们经常与雪豹展开激烈的"赛跑"，攀岩能力不相上下。

只有少数鸟类能够征服珠穆朗玛峰。被誉为"高原精灵"的**斑头雁**可以一口气飞越珠穆朗玛峰，它们能够判断山峰周围的气流方向，同时肺部发达，血红细胞丰富，即使身在高空也不会缺氧。

蓑羽鹤 也是一种需要飞越珠穆朗玛峰向南寻找温暖越冬地的鸟类。它们的南飞之路非常艰难，不仅要在遇到风暴和寒流时停下来休息，半路还要躲避天敌金雕的袭击。

喜马拉雅跳蛛

生活在珠穆朗玛峰上海拔约6 700米的地方。它们的身体只有4毫米长，长着8只眼睛，拥有360°的视野。它们善于跳跃和观察，因为它们的食物是被风吹上来的虫子。

珠穆朗玛峰南坡

珠穆朗玛峰东坡

最深的峡谷中藏着什么?

印度板块和亚欧板块碰撞的地方形成了一条巨大的凹槽,这就是地球上最深的峡谷——雅鲁藏布大峡谷,全长504千米,谷深6 009米。雅鲁藏布大峡谷位于青藏高原东部的林芝地区,高原上险峻的山势阻挡了峡谷跟外界的联系,同时来自印度洋的暖湿空气积聚在峡谷里。这里是大量古老物种的"避难所",是科学家不断发现未知物种的秘境。

每年春天,林芝地区漫山遍野的**桃花**盛开,气势磅礴的雅鲁藏布大峡谷被染成粉色。

雅鲁藏布江

缺翅虫 是一类原始且稀有的昆虫。缺翅虫体长一般不到3毫米，群居在潮湿隐蔽的地方，被惊动后会四处逃窜。中国首先发现的两种缺翅虫均在雅鲁藏布大峡谷，都被列为国家二级保护动物。

眼镜王蛇 是体形最大的毒蛇，一般长3~4米，主要以其他蛇为食，很饿的时候也会吃同类。眼睛王蛇体内含有抗毒血清，所以即使被其他毒蛇咬或吃其他毒蛇也不会中毒。不过，由于人们对森林的开发和过度捕猎，它们的数量已经大幅减少。相对封闭的雅鲁藏布大峡谷是它们的栖息地之一。

红豆杉 是中国的特有树种，是第四纪冰川遗留下来的珍稀濒危植物，十分罕见，现被列为国家一级保护植物。

雅鲁藏布大峡谷是中国**珞巴族**的聚居地。珞巴族崇拜自然，善于狩猎和编织，男女都喜欢佩戴装饰品。珞巴族主要分布在与我国相邻的印度，中国境内有4000多人。珞巴族是中国人数最少的民族之一。

珞巴人保留着用**墨脱石锅**做菜的传统。他们会爬上雅鲁藏布江的悬崖，采下这里特有的皂石作为原材料制作石锅。墨脱石锅有多种形状和大小，石锅鸡是当地的一道名菜。

墨脱是中国最后一个通公路的县。在2013年通公路之前，人们主要靠**溜索**出行。过河前，人们把身体和行李系在绳索上，然后轻轻一蹬，就飞快地溜出去了。有当地人说，虽然溜了很多次，但还是感到胆战心惊。

撒哈拉沙漠只有沙子吗？

撒哈拉沙漠是地球上最大的沙漠，面积超过900万平方千米。撒哈拉沙漠位于非洲北部，跨越埃及、利比亚等11个国家。橘黄色的沙丘大约占了整个撒哈拉沙漠的1/4，除此之外还有山地、碎石、湿地、绿洲及城市、村庄。在这里，天气炎热，土地干旱，有些地方甚至全年滴雨不下，夏季平均气温可达40℃以上，人们主要居住在湖泊和河流附近。

撒哈拉沙漠还是地球上沙尘的最大来源之一，沙子在风力的作用下飞起，有些落入海洋，为海底生态系统带来养分，有些飞入大气层，形成沙尘暴。为应对撒哈拉沙漠不断扩大的问题，非洲联盟在2007年倡导实施"非洲绿色长城"计划，他们希望在撒哈拉沙漠南缘种植一条长7 600千米、宽15千米的树林带，以防止土地进一步退化。如今"非洲绿色长城"计划初步见效，一些地方生态不仅逐渐恢复，当地畜牧、蔬菜种植等行业也得到了盘活。

耳廓狐 是一种

生活在撒哈拉沙漠的小狐狸，身长30~40厘米，能适应高温缺水的环境。它们是杂食动物，其食物包括小型啮齿类、昆虫、鸟类、禽类、蜥蜴，也吃植物果实、树叶、根茎。它们的听力和跳跃能力极好，可以轻松蹦起70厘米，这些技能可以帮助它们捕猎或躲避天敌。

复活草 生长在撒哈拉沙漠，也叫含生草。在极

度缺水的环境里，它们有着特殊的生存本领。当种子成熟以后，干枯的植株就会卷成球形，把种子牢牢地保护在里面。它们会随风奔跑，到处寻找水源。等到雨季来临，复活草迅速吸收水分，重新舒展。这时候种子掉入泥土，等待发芽。

柏柏尔人 是撒哈拉沙漠上的游牧民族，他们自称"Amazigh"，

意思是"自由人"或"自由而高贵的人"。历史上的柏柏尔人会带着骆驼群穿越撒哈拉沙漠，在撒哈拉沙漠和一些非洲城市进行货物贸易。如今的柏柏尔人主要是工匠和农民，他们擅长制作珠宝、纺织品和香料。

骆驼的粪便吸引了 **蜣螂** 的注意。它们嗅觉灵敏，力气大，不一会儿就把新鲜的粪便滚成了球。蜣螂可不会把这么大的粪球马上吃掉，而是先找地方藏起来，或者带回家给孩子们吃。蜣螂更喜欢食草动物的粪便，因为里面含有大量未被消化的植物营养物质。辛勤的蜣螂是大自然的清洁工，有了它们，沙漠上的粪便会被分解，使生态系统得到循环。

在2012年，科学家研究发现非洲地下隐藏着一个巨大的沉积**蓄水层**，而撒哈拉沙漠区域的地下水储量最大，水层的深度可达75米。这些水是哪里来的呢？原来大约在5000年前，撒哈拉沙漠还是一片湿地，储存在地下岩石和沉积物之间的淡水便保留到了现在。

出土于撒哈拉沙漠的**恐龙化石**显示，在约一亿年前的白垩纪，这里可能是地球上最危险的地方。当时这里聚集着大量巨型动物，河流里的鱼类有汽车那么大，凶猛的食肉恐龙在水陆两地横行，比如，牙齿锋利的鲨齿龙、会游泳的棘龙和会飞的翼龙。另外，还有连恐龙都会吃的大型鳄鱼。人们根据岩石层的证据推测，大型鱼类和捕食者赖以生存的河流后来被海水淹没，变成温暖的浅海。再后来，撒哈拉地区经历气候变化变成了沙漠。

帝王鳄生活在1.1亿年前，身长约12米，体重可达8吨，是非洲河流中的顶级肉食者，可以捕食身高相仿的大型恐龙。

帝王鳄想象图

帝王鳄化石

埃及棘龙化石
（深色部分）

埃及棘龙生活在9500万前，体长可达15米。埃及棘龙的化石表明，帆状的背鳍和尾部有利于它们在水中追逐猎物。

埃及棘龙想象图

北回归线穿过哪些人类古文明？

北回归线（23°N）是温带与热带的分界线，气候温和舒适，适合人类生存。它大致穿越了人类古代文明的多个发源地，例如中美洲的玛雅文明、非洲的古埃及文明、南亚的古印度文明、东亚的华夏文明，以及欧洲的爱琴文明等。在几千年前，各大古文明相继诞生，人们逐渐积累手工技艺，以及建筑、天文历法、数学、文字等各领域的文明成果，这些宝贵的财富对当今世界影响深远。

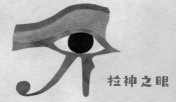
拉神之眼

太阳神"拉神"

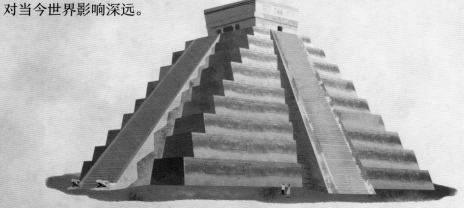

玛雅文明在中美洲繁盛发展了3000多年，在天文、数学等领域有着极高的成就，后来在西班牙的侵略下逐渐衰败，留下了几百处城市遗址。

其中，**卡斯蒂略金字塔**是一座重要的玛雅建筑，曾被用于祭祀羽蛇神。玛雅人通过精密的设计，利用光影效果，让他们崇拜的羽蛇神每逢春分和秋分出现在金字塔上。

玛雅文字相当复杂，形式上用人物造型、动物、超自然事物，以及一些抽象的符号来表示。

玛雅文字的"心"字　"一颗心"　"他/她的心"

古埃及文明诞生于非洲东北部的尼罗河中下游地区。古埃及人构建了系统完善的宗教信仰。他们认为其最高统治者法老是太阳神"拉神"的化身，而埃及的金字塔就是为法老建造的陵墓。

拉神之眼象征着完整的太阳，有战胜邪恶、恢复和平的力量，常作为象征性符号出现在遗址当中。

古埃及文字叫**圣书体**，由一千多个字符图形组成。大部分圣书体已被人们破译，并制作成电脑字体。

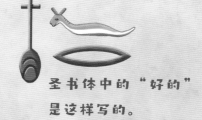
圣书体中的"好的"是这样写的。

圣书体中的"朋友"是这样写的。

古印度文明发源于南亚的印度河流域，在20世纪初发掘的摩亨佐·达罗古城是古印度文明的重要遗址。据考古学家勘测，这座城市在当时有着高水平的社会组织，掌握了先进的土木工程技术和城市规划，民宅设计精美。在这里出土的雕塑文物也具有装饰性。遗址中还出土了大量印章，考古学家从中收集了400多个字符。这些字符被认为是古印度文明的书写文字，但具体的含义至今仍未破译。

两河文明也叫美索不达米亚文明，存在于古代西亚地区，是已知最早的人类文明。两河流域有许多发明：最早的学校、图书馆、六十进制法（如一分钟为60秒）等。

巴别塔是一个流传在两河流域的传说，讲述了人类语言多样性的起源。最初所有人都讲同一种语言，并且人们决定建一座通向天空的高塔。在快要建成的时候，上帝担心人类会变得无所不能，于是打乱了他们的语言，让他们彼此不能沟通，还将建塔的人散落到各地。

楔形文字是两河流域的苏美人创造的文字，因为笔画特别像木楔子，因此被叫作楔形文字或钉头文字。

楔形文字中"鸟"字的演变

在数千年前，**华夏文明**在富庶的长江中下游和黄河中下游地区诞生。在那个时候，耕作农业基本取代了采集狩猎的生产方式，南方主要种植水稻，北方以小米为主要粮食作物。渐渐地，从农业分离出来的手工业越来越专业化，民间也出现了冶金、雕琢、制陶等高级分工。考古学家认为，社会的高度分化是华夏文明核心形成的关键因素。

考古发掘证实了这一点，浙江的良渚遗址和山西的陶寺遗址都是大型的古城遗址群，其中出土的宫殿、城墙、王墓、陶器、文字遗存证明了"统治阶级""国"的概念已经形成。

炎黄二帝是华夏传说中的两位部落领袖，是华夏文明的重要人物。传说炎帝神农氏尝百草，钻研农业生产技术，开创了中华大地的农业文明史；黄帝轩辕氏征服了各个部落，统一了华夏民族，至今中国人都以"炎黄子孙"自称。

人们普遍认为甲骨文是**汉字**的起源，华夏文明发展至今，汉字的形态也从灵活的象形图案演变成了笔画规整的字体。

汉语中"鸟"字的演变

谁躲在最深的海沟里?

在太平洋西部的海底，有一条月牙形的海沟，长约2 500千米，宽约70千米，这就是地球上已知最深的海沟——马里亚纳海沟。最深的地方被命名为"挑战者深渊"，距离海平面11 034米。海沟里没有任何光线，海水温度只有1℃左右。海底的压强巨大，相当于海平面大气压的1 000倍左右，地面上的任何生物来到这里都会被"压"垮。在1960年，人类首次乘坐深潜器下潜到挑战者深渊，探险家们惊喜地看见在如此极端的环境里依然有生物存在。之后经过观察研究，人们不断地发现，马里亚纳海沟的每一个深度都是某种生物的栖息地，无论环境多恶劣，它们总能找到办法去适应。

深海水螅水母生活在1 000米以下的海底，在马里亚纳海沟约3 700米处人们曾发现它们的踪迹。它们不像某些水母那样有一个静止期，而是几乎一辈子都在海洋中漂浮。捕猎时，其长长的触须向外均匀展开，身体一动不动，这个动作说明它可能是一个伏击型捕食者。

项链海星生活在马里亚纳海沟5 000多米深的地方，有6~18条手臂。它们将手臂伸入水流中，捕捉微小的甲壳类动物。这些手臂细长且脆弱，有时候项链海星会"释放"其中一条手臂，作为捕猎诱饵，或者用来抵御敌人的攻击。通常重新长一条手臂需要几周或几个月的时间。

短脚双眼钩虾是一种外形像虾的片脚类动物，它们生活在马里亚纳海沟10 000米以下的海底，是挑战者深渊的常住居民。这种虾是食腐动物，在食物贫乏的环境里，它们利用体内独特的纤维素酶消化埋藏在海底最深处的木质碎片。科学家还发现这种片脚类动物的壳上面有一层含有铝的凝胶，这种物质像盔甲一样保护它们不受海底高压环境的伤害。

深海琵琶鱼的头顶长着一个"小灯泡",这是它的捕食工具。它可以潜入马里亚纳海沟4 000~6 000米深毫无光线的地方,利用会发光的背鳍吸引附近的猎物。待好奇的浮游生物、鱼类等游到自己面前时,它们会张开大大的嘴巴,将这些动物一口吞进肚子里。

鼠尾鳕可以游到马里亚纳海沟约6 000米深的地方,它是一种动作缓慢的深海底栖居动物,长着一个大头和一条老鼠般细细的尾巴。它的皮肤进化出了发达的感觉器官,可以敏锐地察觉海水的细微振动。鼠尾鳕位于此处食物链的顶部,以较小的鱼类、浮游甲壳类等动物为食。

巨型变形虫也叫巨型阿米巴虫,目前最深的栖息记录为马里亚纳海沟10 641米处。它是一种单细胞生物,只由一个细胞组成,可以长到10厘米以上。它能适应寒冷、高压的环境,同时是友善的宿主,丰富的皱褶能为多种多细胞生物提供栖息地。

马里亚纳狮子鱼是目前已知的生活在海底最深处的鱼类,可以生活在海底超过8 000米的深渊。它们动作灵活,通过嘴里的吸力吞食浮游的小甲壳类动物和虾类。马里亚纳狮子鱼以柔软的身体抵抗着海底巨大的压强。据计算,狮子鱼承受的海水压强相当于1 600头大象的重量。

中国的最南端在哪儿？

曾母暗沙是中国领土的最南端，位于南沙群岛。曾母暗沙由3个水下珊瑚礁组成，包括曾母礁丘、八仙暗沙和立地暗沙。曾母暗沙离赤道很近，常年都是夏季，表层海水温度接近30℃。温柔的阳光穿透海水，滨珊瑚、蔷薇珊瑚、路角珊瑚等活珊瑚长势良好，色彩缤纷，小鱼和海龟在这里也可以自由地遨游。

曾母礁丘 是一座水下珊瑚礁，主要由30多种造礁珊瑚的骨架构成，面积约2.12平方千米，最高点距离海面17.5米。

丝鳍拟花鮨又叫**金花鲈**，尾鳍的形状像一轮弯月。金花鲈有性逆转的能力，出于鱼群繁殖的需要，一些雌性会转变成雄性，然后和鱼群里的雌性交配产卵。

蝠鲼 一般被称为魔鬼鱼，生活在大陆架和海岛附近，以小型鱼类和甲壳动物为食。它们的头鳍像一个漏斗，捕食时通过特别进化的鳃板过滤食物。

八仙暗沙和**立地暗沙**也是水下珊瑚礁，构造与曾母礁丘类似。八仙暗沙位于曾母礁丘以南约9千米的地方，最高点距离海面23.5米，面积约0.31平方千米。立地暗沙位于曾母礁丘西南方约19千米的地方，顶部距离海面31米。

立地暗沙

黑背蝴蝶鱼有着尖尖的嘴巴和扁扁的身体，它们能够敏捷地穿梭于珊瑚之间，主要以珊瑚虫为食，喜欢成对或成群活动。

八仙暗沙

绿海龟喜欢独居，经常游到离自己巢穴很远的地方觅食。幼年绿海龟偏肉食，等它们长到足够大的时候，它们就会转为偏杂食。绿海龟的繁殖周期一般为两年，但也会根据年龄、食物数量和质量相对缩短或延长。

珠斑大咽齿鱼又叫豹龙，色彩鲜艳，幼鱼和成年雌性的身体是浅绿色的，有黑色斑点，成年雄性一般是橙红色的，带黄绿色斑点。它们主要生活在混合沙、碎石和珊瑚的地方，以小虾、海星等为食。

花斑短鳍蓑鲉俗称**花斑短狮子鱼**，身上长着许多漂亮的斑纹。它们的背鳍带毒，捕猎时以毒刺攻击其他小鱼。它们习惯在隐秘的地方休息，比如珊瑚或岩石的底部。

曾母礁丘

赤道上有哪些好玩的?

赤道即0°纬线,是北半球和南半球的分界线,也是最长的纬线。在赤道上,太阳每天早上6点多升起,下午6点多下山。每年春分和秋分太阳直射赤道,正午时分人站在太阳底下,看不到影子。赤道上大部分地方高温多雨,一年超过200天有降水。如果按照气候学连续5天低于10℃为冬天的标准,那么赤道上是没有冬天的。赤道穿过的地方大部分为海洋,海水蒸发是赤道上降水的主要来源。也因为如此,大部分热带雨林分布在赤道两侧,如最大的亚马孙雨林,以及第二大的刚果盆地热带雨林。

大王花 也叫阿诺德大花草,生长在穿过赤道的苏门答腊热带雨林,是地球上最大的花,可以长到90多厘米宽。大王花是一种寄生植物,没有明显的叶子、根或茎,依附在寄主植物上获取水分和养分。

巨花魔芋 也来自苏门答腊热带雨林,是地球上最高的花,高度超过了3米。它们通过散发恶心的味道来吸引丛林中的苍蝇前来传粉,也因极其难闻的味道而被称为"尸花"。

飞鱼 是一种会"飞"的鱼,生活在赤道及附近的温暖海域。为了躲避大鱼的追捕,飞鱼进化出了像翅膀一样的胸鳍和分叉的尾巴,它们能用力地跳出水面并在水面长距离滑行。飞鱼"飞行"速度可达50千米/时,"飞行"距离可超过200米。

山地大猩猩 生活在穿过赤道的刚果维龙加山脉,主要以树叶、树枝为食,是现存最大的灵长类动物之一。在生物学分类上,山地大猩猩和人类同属人科,超过90%的DNA排列与人类一样。山地大猩猩普遍身高150~180厘米,跟人类差不多高,双脚外形和人类相似。山地大猩猩的妊娠期为8.5个月,新生宝宝接近2千克。小宝宝总是被妈妈抱在怀里,长大一点后被背在身上。山地大猩猩大概3岁断奶,4岁开始学会自己觅食。

赤道上也有凉爽的地方，**科隆群岛**靠近南美洲，是一个冷热共存的生物天堂。群岛由19个火山岛组成，而来自南北的两股寒流把大量深层的寒冷海水带到这里，因此热带动植物和寒带动植物都可以在这里栖居。岛上有许多奇异的生物，比如巨龟、海鬣蜥、吸血地雀等。在1835年，达尔文来到岛上考察，这里的生物与环境的关系为他的进化论提供了重要灵感。

科隆群岛上有各种**鲣鸟**，它们的颜色与环境有关。鲣鸟善于潜水捕鱼，飞鱼、沙丁鱼等都是它们喜欢吃的食物。蓝脚鲣鸟漂亮的蓝色来自于它们所吃鱼类中含有的类胡萝卜素，如果停止吃这类鱼，蓝脚鲣鸟的脚会变成灰色。在蓝脚鲣鸟的求偶表演中，雄性会通过夸张的高步走来炫耀自己漂亮的蓝色大脚。脚丫越蓝说明它最近吃得越健康，也会更受雌性欢迎。红脚鲣鸟的脚则在生理成熟之后才会变为红色。

加岛环企鹅是科隆群岛特有的企鹅，寒流使它们可以在热带海域生存。加岛环企鹅体形较小，平均身高只有50多厘米。白天企鹅会在海水中捕食，同时保持身体凉爽，晚上才回陆地休息。为了避免企鹅蛋被太阳"烤熟"，它们会躲在阴凉的岩石洞穴中筑巢和产卵。

在南美洲，**厄瓜多尔**穿过了赤道，这个国家把首都建在了赤道上，国家名字厄瓜多尔（Ecuador）在西班牙语中也是赤道的意思。因此人们把它叫作"赤道之国"。位于首都基多的赤道纪念碑是厄瓜多尔的地标建筑，建成于1982年，名为"世界的中心"。来这里旅行的人喜欢两脚分开，摆一个"大"字形，站在象征赤道的直线两边，体验同时跨越南北半球的感觉。

在非洲东部的大草原上，每年大概有200万只动物进行大迁徙。它们以顺时针的方向在塞伦盖蒂平原和马赛马拉保护区组成的生态系统中环行。为了寻找新鲜的牧草和水源，动物们跟随降雨移动，有时快速奔跑，有时停下来吃草，有的动物成了其他动物的晚餐，有的动物迎来了新生。历时大半年，迁徙队伍回到出发地，休整几个月后，新的迁徙又将开始。

非洲草原上的动物为什么要大迁徙？

角马是迁徙队伍的主力，超过100万头。角马需要躲避埋伏的狮子、豹、河流中的鳄鱼等捕猎者，约有25万只角马会在迁徙途中失去生命，而在产犊高峰的2月份，每天会有数千只幼崽出生。

斑马和角马是旅行路上最好的伙伴，约有20万头斑马参与迁徙。斑马喜欢吃长草，角马喜欢吃短草，两者在食物方面没有竞争。角马嗅觉灵敏，善于寻找食物，可以闻到几千米以外的水汽。斑马视力比角马好，善于观察周围是否存在威胁。

约有50万只**瞪羚**会加入大迁徙，它们喜欢吃斑马和角马踩踏过的草地。瞪羚身形娇小，但对声音和动作非常敏感，彼此可以默契地通过细微的动作保持联系。瞪羚依靠飞快的奔跑速度躲避猎豹等捕食者的追击。

长颈鹿不参与大迁徙，但在旱季的时候，也会跟着河流走。长颈鹿是最高的动物，刚出生就有约2米高，成年长颈鹿约4~6米高。长颈鹿身上的花纹就像人类的指纹，没有两只长颈鹿拥有相同的皮毛图案。

非洲狮为丛林之王，喜欢生活在树木稀少、猎物丰富的平原。狮子每天要花16~20小时睡觉。它们从傍晚开始活跃，黑暗的夜晚是它们最佳的狩猎时间。

非洲水牛非常危险，虽然表面看起来平和，但被惹怒时会变得很暴躁，强有力的牛角是它们战斗的武器。非洲水牛和狮子是强劲的对手，每次打起来都是生死搏斗。非洲水牛过着群居生活，雨季会成群地聚集在水边吃草，不幸落单的水牛容易被狮子盯上。

在炎热的天气，**黑犀牛**喜欢在泥浆里打滚，用泥浆覆盖全身来保持凉爽。它们通过粪便与同伴交流，比如，在粪堆上留下"我来过这里"的记号，还用脚踢自己的大便来记录活动范围。黑犀牛曾因人类的偷猎几乎灭绝，如今在一系列保护措施下数量有所增长。

非洲象是最大的陆生动物，肩高两米多，体重4~6吨，寿命可达70岁。因为捕捉难度大，非洲象、狮子、非洲水牛、黑犀牛和猎豹被统称为"非洲五霸"。

地球上最大的蜥蜴吃什么？

科莫多巨蜥俗称科莫多龙，是地球上现存体形最大的蜥蜴，身长可达2~3米。1910年，欧洲探险家在印度尼西亚发现了一种"陆地鳄鱼"，这种陌生的生物让当时的科学家们非常兴奋。1912年，科学家发表了首次正式描述科莫多龙的论文，科莫多龙被正式记载。根据30万~400万年前的巨蜥化石分析，科学家们还发现了科莫多龙实际上是澳大利亚巨型蜥蜴的幸存者，并推测它们是在历史上一次低海平面时期来到印度尼西亚的。

为了保护**科莫多龙**，印度尼西亚在1980年建立了科莫多国家公园，范围包括科莫多龙生活的3个大岛和附近26个小岛。根据联合国教科文组织的统计，印度尼西亚一共生活着约5 700只科莫多龙。它们位于食物链的顶端，岛上的大部分动物都是它们的食物，小的科莫多龙也不例外。

科莫多鼠

小科莫多龙

科莫多龙在9月产蛋，一窝有二三十个蛋。**巨蜥宝宝**一出生就会马上逃跑，然后设法爬到树上，以免被自己的母亲或其他科莫多龙吃掉。树上的小科莫多龙以果实和老鼠等小型动物为食。等到有能力躲避成年科莫多龙的捕食时，它们才会到地面上生活。

科莫多龙是保护区里的**顶级捕食者**，但一般不会主动攻击人类。它们的食物包括帝汶鹿（60%）、食蟹猕猴（20%）和小科莫多龙（10%）。成年科莫多龙的嘴里常常流着黏稠的口水，它们暗中埋伏在猎物附近，等时机一到，会猛地扑上去，咬住猎物不放。科莫多龙的口水里有毒的蛋白质能够抑制血液凝结，被咬的动物很快会因流血不止而休克。科莫多龙从不浪费食物，总是啃得很干净，被它们抓到的动物通常只剩一副骸骨。

牛骸骨

科莫多国家公园的**粉色海滩**是地球上著名的几个粉红色海滩之一。因为沙子里混入了有孔虫生物产生的红色碎屑，因此沙滩呈现出梦幻的粉色。

食蟹猕猴是一种喜欢吃蟹的猴子，主要生活在印度尼西亚。它们会到海边抓螃蟹吃，也爱吃陆地上的果子和其他植物。

当**帝汶鹿**被科莫多龙追赶时，偶尔会跑到海里，但它们也可能还是没办法逃脱，因为科莫多龙本身就是游泳高手。

亚马孙雨林被水淹了，怎么办?

亚马孙雨林位于南美洲，是地球上最大的热带雨林，跨越了8个国家，面积约占所有热带雨林的一半。每年雨季，当降水超出亚马孙河能容纳的水量时，河水溢出，在低矮的地方织出一片水网。河流附近20千米内的森林会被淹没在7~15米深的水里，矮小的树木整棵泡在水中。对于动植物来说，这是一个快速生长和繁殖的时机。聪明的动物游到河水泛滥的森林觅食，树木也利用这个机会让种子传播到更远的地方。

托哥巨嘴鸟 有一个大嘴巴，长约20厘米，这是它觅食的工具。为了吃到美味的果子，托哥巨嘴鸟会跟着成熟的果树搬家。

亚马孙河豚 是体形最大和最聪明的淡水豚，成年后变成粉红色。它们是特别贪玩但又很害羞的动物，在水里会咬树叶、扔棍子或者与小鱼玩，也会好奇地靠近渔民的独木舟，甚至和小孩一起玩水。

大食蚁兽 四肢强壮，嗅觉发达，经常独自四处巡逻寻找蚂蚁，能游过宽阔的水面。它们没有牙齿，但舌头长约60厘米，上面有小刺。挖开蚂蚁巢穴后，大食蚁兽通过快速伸缩舌头收集蚂蚁，几分钟内可以吃掉几千只蚂蚁。

箭毒蛙 有各种颜色和图案，其中一部分因为吃了有毒的昆虫而含有剧毒。箭毒蛙是非常称职的父母，在叶子上产卵之后，它们会在旁边守护着。当孵化出蝌蚪后，它们会将宝宝一个个背到几百米远的水里。

红腹食人鱼 是一种凶猛的杂食性动物，长着一口密集且锋利的牙齿。它们通常聚集在植物之间等待猎物，一有发现就会积极追逐，抓到猎物时迅速用力撕咬。

炮弹树 高15~20米，果实又大又重，成熟的果实会从树上掉下来并裂开，像炮弹落在地上一样发出巨大的声音。

美洲豹 喜欢热带茂密、潮湿的低地森林，习惯缓慢地尾随并伏击猎物，会游泳、爬树，是亚马孙雨林的顶级掠食者。

电鳗 是地球上能发出最强电力的动物，能放出高达860伏的电压，差不多有中国家用电压的4倍。一旦发现猎物，电鳗就会放出强电流使其昏迷，然后轻松享用。电鳗需要呼吸空气，每几分钟会游到水面一次。回到泥泞黑暗的水底以后，电鳗会使用弱电流定位和识别异物。

树懒 是地面上行进速度最慢的哺乳动物，每分钟大概走两米，但在水里的时候它们可是游泳健将。为了远离森林里的食肉动物，它们大部分时间生活在树上，每周只下来大小便一次。

水豚 是现存最大的啮齿类动物，身长约一米。为了防止皮肤过于干燥，同时躲避食肉猛兽，它们需要经常泡在水里，有时候只露出脸部。水豚会拉两种粪便，其中一种含有较多未被消化的蛋白质，它们会再次吃掉这种粪便，以便更好地吸收其中的营养。水豚是多种小动物的好朋友，大家总是喜欢站在水豚的身上或头上。

南回归线穿过哪些地方?

南回归线（23°S）是南半球重要的纬线，它是太阳在地球上直射时能达到的最南边，也是热带和南温带的分界线。南回归线穿过南美洲中部、非洲南部和澳大利亚，这些地方经历了人类古文明和生命的演化，具有古老的历史。

印加文明 在15到16世纪的南美洲达到鼎盛时期，印加人建立的印加帝国是美洲有史以来最大的帝国，其领土占据了安第斯山脉大部分地区。精美的建筑是印加文明的象征，印加人不使用砂浆，而是利用精确的石雕把多种形状的石头紧密地连接在一起。由于印加帝国位于地震多发地，那里的建筑设计提前考虑了自然和地形因素，可以轻松地抵御频繁的强烈地震。尽管过去了几百年，印加帝国的遗址通常都只是失去了茅草屋顶。

马丘比丘古城 是印加文明的重要遗址，它耸立在陡峭的山脊上，直到1911年才被外界所知。这是一个大约由200座建筑组成的综合性城堡，城里有序地设置了梯田、住宅、天文台和神殿等部分。马丘比丘古城在1983年被联合国教科文组织定为世界文化与自然双重遗产。

位于南非的 **古人类化石遗址** 也叫"人类摇篮"遗址，约40%已知人类祖先的遗骸在这里被发掘出来。2018年，考古学家在遗址内发掘出土一块幼童头骨化石，这块化石由150块碎片拼组而成，历史在204万年前到195万年前，被认为是迄今为止发现的最古老的直立人化石。直立人是旧石器时代早期的人类，有着与现代人类相似的身体特征，能直立行走，会制造和使用石器。

头骨化石

南非高原

蕴藏着金刚石、黄金、铜等丰富的矿产资源。1905年，南非出土了一颗拳头大小、重3 106克拉（约621克）的钻石，这是迄今为止发现的最大的天然钻石原石。

钻石原石　　9颗大钻石

人们以矿主的名字命名这颗钻石—— **库利南钻石**，该钻石于1907年作为生日礼物送给了当时的英国国王爱德华七世。它被切割成9颗大钻石和约100颗小钻石，最大的两颗分别被镶嵌在英国皇室的权杖和皇冠上。

鸭嘴兽 所属的单孔目是现存最古老的哺乳动物。这种动物身体上只有一个排泄口，这个开口既用来排泄，又用来生殖。鸭嘴兽生活在河流湖泊中，吃水生无脊椎动物、小鱼和小虾。它们是卵生哺乳动物，一胎通常下1~3个蛋。鸭嘴兽还是罕见的能产生毒液的哺乳动物，雄性后肢暗藏着一个分泌毒液的刺，毒液用于与其他雄性争夺交配权。

澳大利亚是 **有袋类动物** 的王国，大约200多种有袋类动物生活在澳大利亚，它们在几千万年前从南美洲迁移而来。和其他哺乳动物不同，刚出生的有袋类幼崽通常发育不全，母亲会将宝宝放在腹部的育儿袋里抚养，直到几个月后它们可以独自觅食。

袋鼠 是有袋类动物的代表，也是澳大利亚的象征，从商业品牌、硬币到国徽都有袋鼠的图案。袋鼠以跳代跑，靠强有力的后肢快速弹起，用尾巴平衡身体，速度可达70千米/时。

澳大利亚 是一个拥有整块大陆的国家，由于长期被海洋包围，这里保存着许多古老的物种。

考拉 也叫树袋熊或无尾熊，也是有袋类动物。它们行动缓慢，大部分时间生活在树枝上，一般在晚上进食，每天需要大概18个小时的睡眠。

蛟龙号在海底看见了什么？

蛟龙号是一艘7 000米级载人潜水器，它的工作是载着科学家潜入深海，对海底地理环境、矿产、生态系统、物种等方面进行科学考察。它是中国第一艘载人潜水器，由中国自行设计、自主集成研制，可以探索全球99.8%的海域。自投入使用以来，蛟龙号在中国南海、太平洋、印度洋等多个海区下潜，在2012年最深到达7 062米，创下当时同类载人潜水器的世界深潜纪录。

蛟龙号 的外形像一条张开嘴的大白鲨，身长8.2米，内仓可以搭载3个人。圆圆的身体上安装着各种必需的设备，其中16盏灯可以在黑漆漆的海底照亮约20米远，多台高清摄像机负责记录眼前的画面。3个观察窗让科学家可以直接看到海底世界，两只机械手可以灵活作业，采样篮用来放置收集到的样品，尾部的X形稳定翼可以提高蛟龙号的整体稳定性。

蛟龙号有许多了不起的**先进技术**：靠近海底的时候，它可以自动航行，并且拥有高精度定点悬停作业能力；内部装配了高速的水声通信系统，海底的声音、图像、文字等信息都能被实时传送到母船上；强大的电池容量保证了蛟龙号长达12小时的水下作业时间；在紧急情况下，生命支持系统能为舱内人员提供水、氧气、药物等，可以保障舱内人员84小时的安全。

每次下潜，蛟龙号会在海底布放一个写着工作次数的标志牌。

蛟龙
100
JL

西南印度洋位于南极板块和非洲板块的交界处，这里的海底是蛟龙号重点探索的地方。科学家在这里发现了多个热液区，其中的多金属硫化物是一种被国际关注的矿藏，被认为是未来可开采的海底矿产资源。这种硫化物形状像烟囱，处在活动状态的"烟囱"向上喷涌着"黑烟"，喷口中心温度可达400℃。

多金属硫化物富含铜、铅、锌、金、银等多种金属元素，科学家普遍认为多金属硫化物的形成源自地下的岩浆活动。海水经过岩石缝隙渗入地壳深处，被加热后溶解了岩层中的多种金属成分并形成热液流体，最后热液受到挤压向上喷涌而出。当黑烟一样的热液遇到低温海水时，其中的金属元素就沉积在喷口周围，形成多金属硫化物烟囱。

探索热液生态系统是蛟龙号多次潜入西南印度洋底的另一个重要目标。在1977年，美国科学家在东太平洋发现了第一个热液生态系统，奇特的热液生物不依赖阳光生存，打破了"万物生长靠太阳"的说法，这被认为是20世纪海洋科学最重要的发现之一。

在热液生态系统里，嗜热古菌等微生物作为最初级的生产者，聚集在高温喷口周围，利用热液流体中的化学物质合成有机物，它们的作用相当于通过光合作用制造营养的植物。一些生物附在喷口附近温度稍低的岩石上，以这些细菌为食。热液区生物繁多，贻贝、螺、蠕虫、虾等是常见的热液生物。截至2018年，科学家发现的热液生物已超过700种。

印度洋有哪些奇异的生物？

印度洋是地球第三大洋，大部分位于南半球。印度洋是海水最温暖的海洋，最暖的地方全年表层海水高于28℃。印度洋有许多有趣的岛屿，除了著名的旅游胜地马尔代夫，马达加斯加和索科特拉岛以其生物多样性而闻名。科学家认为这两个岛屿在数千万年前从大陆分离出去之后，生物在相对隔离的状态下开始进化，因此到了今天，大部分生物成了岛上独有的物种。

变色龙是一种会变色的蜥蜴，主要生活在马达加斯加。与外界交流是变色龙改变颜色的重要原因，比如传递信息、捍卫领地，以及表达交配意愿。变色龙不能无限地变出各种颜色，也不会对环境做出伪装反应。在已知的变色龙种类中，马达加斯加的豹变色龙能展示的颜色和图案最为丰富。

蓝鲸生活在除北冰洋外的所有开阔水域，印度洋为首个禁止商业捕鲸保护区。

蓝鲸是地球上有史以来最大的动物，比任何恐龙都要大。已知最大的蓝鲸长33米，重190吨，相当于30头大象或者2500人的重量。

猴面包树被称为"生命之树"，是马达加斯加的标志性树种。猴面包树肥厚的树干储存着大量水分，能保持土壤湿润，为各种小动物提供食物和栖息地。人类也会食用猴面包树的果实、花、叶和根。此外，树干可以当木材和燃料，树皮能用来制作工具。

环尾狐猴是马达加斯加特有的动物，脸部像狐狸，黑白相间的大尾巴比身体还长。环尾狐猴喜欢群居，一般15~20只组成一个群体，母猴拥有更高的地位和权力。环尾狐猴身上多处有臭味腺体，战斗时它们会把臭气涂在尾巴上，然后用尾巴发射臭气来攻击对手。

沙漠玫瑰 属于夹竹桃科

多肉植物，看起来像酒桶的树干能储存大量水分。沙漠玫瑰扎根于沙质土壤和石灰岩层中，树液有毒，可以防止被吃。

龙血树 是索科特拉岛的标志性植物，一般寿命可达百年甚至上千年。龙血树受伤时会流出深红色的树脂，古人认为这是龙的血液，会将它制成药物、染料或运用在巫术仪式中。

鲸鲨 是海洋中最大的鱼，一般有5~10米长。虽然体形巨大，但它们通常很温顺，平易近人。鲸鲨喜欢温暖的海水，主要分布在印度洋和太平洋。鲸鲨主要以浮游生物、成群的鱼类和鱿鱼等小型生物为食。

蓝鲸的食物主要是磷虾，它们会一口吞下大量海水，然后把海水滤出去再吃掉剩下的小生物。蓝鲸也是叫声最大的动物之一，声音能达188分贝，大概是狮吼的1.5倍。蓝鲸通过发出各种各样的声音来和其他鲸交流，包括颤音、口哨声、呻吟声和尖叫声。蓝鲸的寿命估计在80~90岁。

中国的南极科考有哪些进展？

62°S

长城站1号栋

在1985年，中国在南极建立了第一个科考站——**长城站**。站区共有十几座主体建筑，占地2.52平方千米，平均海拔10米。长城站采用混凝土地基、钢框架设计，吊脚的形式可以让风雪快速通过。

长城站所在的**乔治王岛**适合开展多种科学综合考察，站址周围淡水资源丰富，夏季露岩多，地衣等植物发育得较好，企鹅、贼鸥等鸟类在附近栖息。目前已有近十个国家在乔治王岛建立了科考站。

科考队员可全年在长城站开展科学研究，比如气象学、包含极光的高空大气物理学、地磁和地震等项目。夏季还可以增加地质地貌、冰川、生物、海洋等学科的考察研究。如今，中国已在南极相继建成中山站、昆仑站和泰山站，第五个科考站罗斯福站也在建设当中。

帽带企鹅的脖子上有类似帽带的纹理，很容易辨认。它是乔治王岛上常见的企鹅。

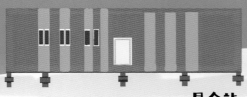

昆仑站

昆仑站在2009年落成，位于南极内陆的冰穹A地区，海拔4 087米。冰穹A被认为是钻取冰芯和天文观测的极佳地点。

冰芯就像树木的年轮，记录着地球的气候变化。科学家通过测定被困在冰芯中的气泡成分，就能计算出当年地球的气候特征。目前人类获取的冰芯样本已能推测出270万年前的气候。

南极巡天望远镜被安装在昆仑站，包括3台50厘米口径大视场望远镜。借助冰穹A最优质的大气透明度和极夜长达4个月的连续观测时间，它主要担任高频的快速巡天观测，搜寻超新星、系外行星，以及其他天文学研究工作。

中国科学家在昆仑站取得冰芯样本。

雪鹰601是中国首架极地固定翼飞机，机身长19.63米，于2016年投入使用，拥有快速运输、应急救援和高效科考三大能力。以前科考人员开着雪地车往返昆仑站大概需要一个半月，现在雪鹰601可以在10小时左右完成任务。它曾多次参与国内外受伤科考人员的紧急救助，身上的冰雷达系统、重力仪、磁力计等设备还能突破人工探测的限制，提高科考效率。

雪龙2号是中国第一艘自主建造的极地科考破冰船，长达122.5米，于2019年交付使用。老前辈雪龙号以运输为主，雪龙2号的强项在于破冰和科学考察。它采用了艏艉双向破冰技术，能在极地1.5米厚的冰环境中破冰航行。多种专业、先进的科考设备可满足海底环境精细化测量的需求。船上还安装了7 000多个智能感应点，具有智能航行、原地360°灵活转身、自动体检、自动报警等功能。

雪龍2
XUE LONG 2

CHINARE

谁住在南极?

南极位于地球的最南端,是人类最后发现的大陆。南极地面被平均2000多米厚的冰雪覆盖,是地球上最寒冷、暴风雪最强、最干旱、冰雪量最大的大陆。俄罗斯在南极的科考站东方站曾记录到地球最低自然温度-89.2℃。南极一点儿也不适合人类定居,但这里是多种企鹅、海豹等极地生物赖以生存的家。

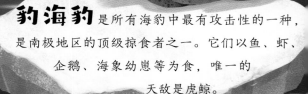

豹海豹是所有海豹中最有攻击性的一种,是南极地区的顶级掠食者之一。它们以鱼、虾、企鹅、海象幼崽等为食,唯一的天敌是虎鲸。

金图企鹅

也叫巴布亚企鹅,是游泳速度最快的企鹅,时速可达36千米/时。

皇帝企鹅也叫帝企鹅,是体形最大的企鹅,身高可达1.2米。它们选择在冬季的冰面上繁殖。

帝企鹅在育儿方面有明确分工,雌性企鹅在5月或6月产下一枚蛋,然后将蛋交给雄性照顾,自己前往大海觅食。在风雪中,企鹅父亲将蛋放在育儿袋中孵化约65天。宝宝出生后父亲先用口中分泌的白色黏液喂食。等到母亲回来,小企鹅大吃一顿,接着换父亲出海觅食,就这样父母双方轮流照顾孩子长大。长大的帝企鹅会离开父母温暖的怀抱,在风雪中和其他小企鹅聚在一起取暖。

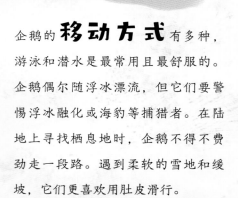

企鹅的**移动方式**有多种,游泳和潜水是最常用且最舒服的。企鹅偶尔随浮冰漂流,但它们要警惕浮冰融化或海豹等捕猎者。在陆地上寻找栖息地时,企鹅不得不费劲走一段路。遇到柔软的雪地和缓坡,它们更喜欢用肚皮滑行。

虎鲸位于海洋食物链的顶端，在自然界中没有天敌。从北极到南极，地球上所有的海洋中都有虎鲸，它们是除人类之外分布最广的哺乳动物之一。

南极大陆上仅有约0.4%的面积没有被冰雪覆盖，大多数企鹅选择在岩石地面、洞穴等地方筑巢。

阿德利企鹅夫妻轮流孵蛋和照顾幼鸟。它们非常执着于捡小石头添到自家的窝里，也习惯从邻居的窝里偷取石子，经常悄悄地叼走一块，转头就跑。独立看家的企鹅不能追上去，只能大声叫骂。

阿德利企鹅主要以粉红色的南极鳞虾为食，因此它们的大便也被染成了粉红色。

贼鸥是南极的"强盗"。它们会突袭企鹅巢穴，偷走企鹅蛋，叼食小企鹅。当燕鸥刚从海里打捞上鳞虾时，贼鸥会马上过去抢夺。据说，贼鸥对人类也不友好，有时候会飞到人的头上或冲着人大便。

在荒芜的南极，**植物**大多数是地衣和苔藓类，南极发草和南极漆姑草是目前发现的仅有的两种当地生显花植物。

为了保持巢穴干净，**企鹅拉屎**的时候会撅起屁股，将大便喷射到几十厘米甚至一米多以外的地方，有时候会喷到邻居的头上。

金图企鹅